JN097664

Quick Japan Presents

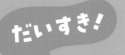
ギンビス

太田出版

香ばしくておいしいビスケットと、
元気でかわいらしいどうぶつさん。
子供から大人までたくさんの人に愛される
「たべっ子どうぶつ」の魅力を、
ぎゅっと詰め込んだ本ができました。

キュートなどうぶつさんに癒されたり、
お菓子作りのこだわりや秘密を発見したり、
イベントやゲームに参加してみたり……。
これからもまだまだ広がっていく
「たべっ子どうぶつ」の世界を
一緒に覗いてみましょう。

それでは、旅のはじまりです。

008 SPECIAL PHOTO STORY 01
LET'S PARTY!
どうぶつさんのホームパーティーにご招待!

023 どうぶつさん図鑑
56種類のどうぶつさんを一気に紹介!

041 オリジナルグッズコレクション
1000種類以上のグッズの中から厳選!
どうぶつさんがそばにいれば、毎日がきっと楽しくなる。

065 たべっ子どうぶつ新聞
みんなのギモンを徹底取材!

066 おしえて、社長!
「たべっ子どうぶつ」が愛されるヒミツ

076 もうすぐ100周年! ギンビスHistory

078 どうぶつさんたちの楽しい祭典!
たべっ子どうぶつLAND

080 どうぶつさんたちとパズルに挑戦!
たべっ子どうぶつTime

082 SPECIAL PHOTO STORY 02
LET'S CAMP!
自然豊かな森でキャンプ! みんなで何して遊ぶ?

097 Let's Play! Let's Learn!
たべっ子どうぶつ教室
クイズ、ぬりえ、アルファベット……
どうぶつさんたちと遊んで学ぼう!

111 SPECIAL PHOTO STORY 03
GO! GO! SEA!!!
目の前には広い海! いっしょに思い出つくろうね。

CONTENTS

SPECIAL PHOTO STORY 01

LET'S PARTY!

どうぶつさんのホームパーティーにご招待!

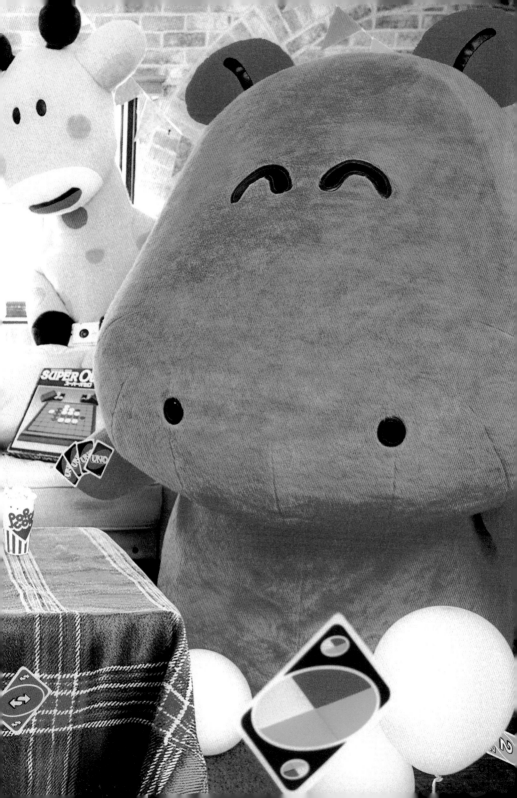

LET'S DANCING!

どうぶつさん図鑑

元気でかわいい
『たべっ子どうぶつ』のどうぶつさん。
いろんなパッケージや
グッズのなかから、
お気に入りのどうぶつさんに
きっと出会えるはず。

らいおん ｜ **LION**
ライオン

かば | **HIPPO**
ヒポウ

ぞう | **ELEPHANT**
エレファント

うさぎ | RABBIT
ラビット

ひよこ | CHICK
チック

きりん | **GIRAFFE**
ジラフ

わに | **CROCODILE**
クロコダイル

ねこ | **CAT**
キャット

さる | **MONKEY**
モンキー

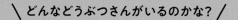

どうぶつさんたちには
まだまだ仲間がたくさん!

\ どんなどうぶつさんがいるのかな? /

いぬ
DOG
ドッグ

あひる
DUCK
ダック

めうし
COW
カウ

おうし
OX
オックス

おっとせい
FURSEAL
ファーシール

やぎ
GOAT
ゴウト

ごりら
GORILLA
ゴリラ

たか
HAWK
ホーク

さい
RHINOCEROS
ライノサラス

みみずく
HORN-OWL
ホーンアウル

かんがるー
KANGAROO
カンガルー

うま
HORSE
ホース

おうむ
PARROT
パロット

おおやまねこ
LYNX
リンクス

ぱんだ
PANDA
パンダ

ねずみ
MOUSE
マウス

くじゃく
PEAFOWL
ピーフォール

ぺりかん
PELICAN
ペリカン

ぺんぎん
PENGUIN
ペンギン

ぶた
PIG
ピッグ

あらいぐま
RACCOON
ラクーン

はと
PIGEON
ピジョン

ほっきょくぐま
POLAR BEAR
ポーラーベア

やまあらし
PORCUPINE
ポーキュパイン

めんどり
HEN
ヘン

おんどり
ROOSTER
ルースター

あざらし
SEAL
シール

りす
SQUIRREL
スクイラル

すずめ
SPARROW
スパロー

ひつじ
SHEEP
シープ

しまうま
ZEBRA
ゼブラ

いのしし
WILD BOAR
ワイルドボーア

かめ
TORTOISE
トータス

おおかみ
WOLF
ウルフ

とら
TIGER
タイガー

ばく
TAPIR
ティパー

Original Goods Collection

オリジナルグッズコレクション

1000種類以上のグッズの中から厳選！
どうぶつさんがそばにいれば、毎日がきっと楽しくなる。

★ …SKジャパン	◇ …サンスター文具	♣ …吉徳
☆ …シー・シー・ピー	■ …エポック社	♤ …貝印
◆ …ヴィレッジヴァンガード	□ …ライソン	○ …TWIN PLANET
＊ …カプセルトイ商品		

Hobby

思わずコレクションしたくなる、
どうぶつさんたちのグッズがいっぱい！

3 ミニチュアフィギュア◆　**4** パッケージGBぬいぐるみ★　**5** ゆびにんぎょうAセット◆
6 ちびぬいぐるみ★　**7** ふわふわたっとんぬいぐるみ◆

1 マスコットチャーム★＊　2 ぷちぬいぐるみ Vol1 Vol2★★　3 おかおモチモチマスコット★
4 ぬいぐるみKR★　5 ややちびでかマスコット★

6

7

8

9

10

11

6 貼ってはがせるステッカー◇　7 缶入りステッカー◆　8 コレクションホルダー◆
9 アクリルスタンド◆　10 アクリルステッカー◆　11 ビスケットマグネット★＊

1 蓄光缶バッジ◆　2 メダルピンズコレクション★　3 刺繍缶バッジ◆
4 サガラバッジ◆　5 すやすや缶バッジ★　6 刺繍缶バッジ◆

Toy

親子で楽しめるおもちゃもあるよ。
かわいいどうぶつさんたちと楽しく遊ぼう！

1

2

3

4

5

1 アクリルマスコット◆　*2* カラフルアクリルブロック◆
3 ピクチュアパズル■　*4* こうさくおりがみ＆ちよがみセット◇　*5* B5ぬりえ◇

Enjoy!

たのしいおでかけには、
どうぶつさんたちも一緒に連れていって！

1 ぬいぐるみダイカットバッグ★ **2** エコバッグ◆ **3** ひょっこりトートバッグ◆
4 パッケージ型保冷トートバッグ★ **5** レッスンバッグ◇

6

7

8

9

10

11

13

12

6 ダイカットシリコンポーチ◇　7 マチ付きポーチ★　8 スクエアポーチ◇　9 サガラポーチ◆
10 舟形ポーチ◇　11 ミニティッシュポーチ★　12 ミニキューブポーチ◆　13 クリアポーチ◆

1 巾着◆　2 おかしシリーズ巾着★　3 きんちゃく◆
4 ミニ巾着◆　5 ぬいぐるみポシェット★　6 ネックパース◆　7 ポケットポーチ★
8 おかしシリーズパスケース★　9 リール付きパスポーチ◆　10 すやすやパスケース★

11 3連アクリルキーホルダー◆　**12** 刺繍キーリング◆　**13** 目印チャーム◆
14 すやすやアクリルキーホルダー★　**15** ラバーコインケース◆　**16** ネックストラップ★
17 ビスケットラバーキーリング★　**18** ラウンドカラーアクリルキーホルダー◆

1 フェイスタオル◆　2 今治刺繍ミニタオル◆　3 ミニタオル★　4 ミニタオル2★　5 iPhone13ケース◆
6 iPhone13/14ケース◆　7 ケーブルアクセサリー★　8 ラバースマホグリップ◆

9 メガネケース★　10 レジャーシート◆　11 弁当箱★　12 コンビセット★
13 絆創膏◆　14 救急ばんそうこう★　15 ウェアラブルファン★

stationery

どうぶつさんたちがそばにいてくれたら、
勉強も仕事もはかどりそう！

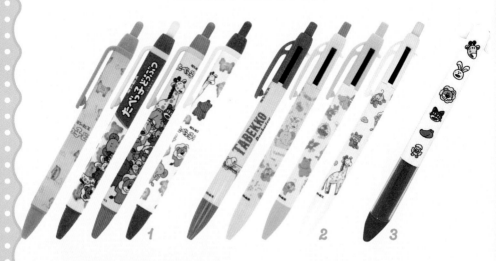

1 **2** **3**

4

5

6

7

8

1 ボールペン◇　**2** シャープ＆ボールペン◇　**3** ツインノックペン★　**4** ペンケース◇
5 クリアペンポーチ◆　**6** ペンポーチ★　**7** まとまるくん消しゴム◇　**8** おどうぐばこ◆

054

9 おでかけシールバッグ◇　10 チャームクリップ◇　11 ケース付フレークシール◇
12 フレークシール◇　13 透明マスキングテープ◇

1

2

3

4

5

6

7

8

9

10

1 ブロック付箋◇ *2* メモA6◇ *3* 缶入りメモ◆ *4* スクエアメモ◇ *5* スクエアメモ◇ *6* 方眼ノート◇
7 スクエアリングノート◇ *8* スケッチブック◆ *9* ポケットリングノート◇ *10* クラフトノートB5◇

11

12

13

14

15

16

11 ダイカットクリアファイル5P◇　*12* クリアファイルA5 3P◇　*13* シークレットクリアファイル◇
14 レターセット◇　*15* ミニレターセット◇　*16* ダイカットミニレターセット◇

Kitchen

おいしいごはんにおやつ、
どうぶつさんたちとなに食べよう？

1 スタッキングマグカップ◆　2 ラッピングボックス♧　3 ゆらゆらグラス★　4 クッキー抜き型セット♧
5 ラバーコースター★　6 ブラインドラバーコースター◆　7 コルクコースター★

8 スイーツパック♣　**9** カステラメーカー□　**10** 箸置き★　**11** 汁椀茶碗セット◆
12 お茶碗★　**13** 箸・箱セット★　**14** シリコーンチョコ型♣

Home

おうちで過ごすリラックスタイムも、
どうぶつさんたちがそばにいるから楽しいね!

1 タオルシュシュ★　**2** 前髪クリップ◆　**3** ハンドクリーム★　**4** ハンドジェル★　**5** スリッパ★
6 ダイカットヘアブラシ◆　**7** 刺繍ヘアバンド◆　**8** ぬいぐるみヘアバンド◆　**9** 折りたたみミラー★

ANIMAL SHAPED BISCUITS

10

LION

11

13

120cm

12

14

15

DOG

点灯！

DOG

16

DOG

17

10 クッションブランケット★　11 くるりんクッション★
12 アクリル時計◆　13 特大抱き枕らいおん◆　14 リラックスピロー◆
15 ルームライト☆　16 ダイカットクッション○　17 クッション♣

1 すやすやバスボール★　2 バスボール2★　3 バスボール3★　4 スリムロングタオル★　5 ランドリーネット★
6 ボディスポンジ★　7 歯磨きセット★　8 歯ブラシ★　9 タオルハンガー★　10 バスタオル◆

Fashion

かわいいどうぶつさんたちと一緒に、
おしゃれも楽しんじゃおう！

1 キャップ らいおん柄キッズサイズ◆　2 バケットハット ビスケット柄◆　3 バックパック◆　4 刺繍ソックス◆
5 アンクルソックス◆　6 アンクルソックス★　7 Tシャツ◆　8 Tシャツ◆　9 TシャツKIDSサイズ◆

Aquarium

「たべっ子水族館」のグッズも
チェックしてみてね。

1 フェイスタオル◆　2 シェル型ポーチ◆　3 エコバッグ◆　4 ラバーキーホルダー◆　5 ぬいぐるみキーリング★
6 ランダムぷっくりシール◆　7 アクリルキーホルダー◆　8 ややちびでかマスコット★

みんなのギモンを徹底取材！

たべっ子どうぶつ新聞

Tabekko News

お菓子づくりからイベント、ゲームアプリまでまだまだ広がる
「たべっ子どうぶつ」の世界。その生みの親である
ギンビスにお邪魔して、みんなのギモンを徹底取材してきました！

Tabekko Doubutsu News

Contents:

TOPIC 1
President Interview

TOPIC 2
Ginbis History

TOPIC 3
Tabekko Doubutsu LAND

TOPIC 4
Tabekko Doubutsu TIME

GINBIS CO.,Ltd. Dream Animals

Since: 1978

President
of GINBIS:
Shuji Miyamoto

株式会社ギンビス 代表取締役社長 宮本周治氏インタビュー

おしえて、
社長！

「たべっ子どうぶつ」が
愛されるヒミツ

お父さんお母さんの子供時代から今に至るまで、
長年にわたって愛されてきた「たべっ子どうぶつ」。
お菓子作りのヒミツやどうぶつさんの誕生秘話など、
みんなのギモンを解決すべく、社長に直撃インタビュー！
あまり知られていない雑学もたくさん教えてもらいました。

1970年代から売上急増！
カギは「テレビCM」と「ピンク色」

🌸 **1978年に登場し、現在に至るまで多くの人から愛されている「たべっ子どうぶつ」。なぜ誕生したのか教えてください。**

1969年に「たべっ子どうぶつ」のルーツとなる厚焼きビスケット「動物四十七士」が誕生しました。それを薄くバター味に焼いて、食べやすくしたのが「たべっ子どうぶつ」です。生地の状態だと1ミリ程度の厚さなので、それを46種類の型にかたどって印字をつけるのは、かなり難しい技術でした。

🐭 **発売当初の反響を教えてください。**

当時は100円で95グラム入っていましたので、きょうだいで分けて食べる方も多くいらっしゃいました。ただ、実をいうと初めの1年は、そんなに売れておらず、2年目から盛り上がりを見せたと聞いています。

🐰 **2年目から売り上げが伸びていったのは、なぜでしょうか？**

テレビで子ども向けアニメが放送されていた16〜20時の間に「たべっ子どうぶつ」のテレビCMを放送したんです。発売から10年間ずっと、その時間帯にCMを放送していたこと、CMソングが覚えやすかったことなどもあって、一気に広がっていきました。当時、箱入りのビスケットが100円であることや、パッケージにピンク色を使っていることもかなり珍しかったので、それもヒットにつながる要因になったのだと思います。

たべっ子雑学 1

「たべっ子どうぶつ」の
名前の由来は?

「たべっ子」には「よく食べる元気な子」という意味が込められています。名前の通り、どうぶつの英語が印字されているのも発売当初から変わりません。

🐵 **具体的に、どのくらい盛り上がっていたのでしょうか？**

私自身も当時小学生だったのですが、すごく人気がありました。家に帰ってテレビをつけたら、いろんなチャンネルでCMが流れているのは当たり前。みんなが知っているお菓子の中では一番だったと記憶しています。

お客様の「懐かしい」を
失わないために

🐘 **パッケージや味などのこだわりポイントについても教えていただきたいです。まずは、パッケージについて。当時、ピンク色のパッケージは珍しかったということですが。**

そうなんです。実は、当時はピンク色ってあまりいいイメージがなかったんですね。少し大人なイメージが強くて。ただ、ショッキングピンクを選んだのは、あえて狙ってのことでした。もしも赤色や黄色のパッケージだったら、ここまで目立っていなかったでしょうし、このピンク色でなければ「たべっ子どうぶつ」のイメージは定

着しなかったと思いますよ。

🐻 **どうぶつさんたちの色が原色である理由も気になります。**

　原色というのは、すごくわかりやすいんですよね。実際、今まで発売したどうぶつさんたちのグッズの中には、パステルカラーで作ったものもあるのですが、人気があるのは原色を使ったグッズで、"「たべっ子どうぶつ」といえばコレ！"というイメージにつながったんだと思います。

🐘 **パッケージについても教えてください。「たべっ子どうぶつ」のパッケージといえば、クイズや英語教室などが描かれているのもひとつの特徴だと思います。これも発売当初からやっていた仕掛けなのでしょうか？**

　そうですね。当時から知育・教育には力を入れていたので、子どもが英語を覚えるきっかけになったらと、ビスケットの印字とパッケージの仕掛けは行っていました。それから、25年前ぐらいから箱の商品や、5連包の商品、6パック1セットの商品な

どにおいて、差別化をしようという動きが出てきています。箱型ならではの最大限の魅力を出すにはどうしたらいいのかを考えて、いろんなクイズなどの仕掛けなどを施すようになりました。

🐱 **箱型の「たべっ子どうぶつ」は、封を開けた部分にもサービス精神を感じます。**

　実は細かい仕掛けに関しては、お客様のアイデアも反映しています。パッケージ裏に「本品を含めて当社に対してこんなお菓子があったらいいな、という夢がありましたら、アイデアをお寄せください」と記載しているので、お客様から手紙が届くんです。

🐑 **「いちごのたべっ子どうぶつ」や「抹茶のたべっ子どうぶつ」は箱ではなく、スタンドパック型のパッケージが特徴的です。なぜなのでしょうか？**

　さまざまな理由があるのですが、コンビニで多く展開されていて、大人の方が好む傾向にあるので、食べ切りサイズで作っています。さきほど言ったように「たべっ子どうぶつ」は家族で分け合って食べるイメージだとしたら、「いちごのたべっ子どうぶつ」や「抹茶のたべっ子どうぶつ」は個人で食べるのにぴったりなサイズ感。好きなときに好きなだけ食べてもらいたいと思っています。

🌸 **長年愛されるには、おいしさというところもポイントかと思います。**

　やはり半世紀近く愛されるロングセラーブランドの場合、どうしても製造機械や原材料、関わる人などは変わってしまうので

たべっ子雑学 2

かわいい「たべっ子どうぶつ」ロゴは創業者の直筆！

「たべっ子どうぶつ」のロゴは、創業者が書いた字がもとになっているんです。創業者は習字の先生をしていたので、いろんな商品のデザインも自分で作っていました。それが今でも採用されているのです。

昔から海外展開や新商品開発にも力を入れているそう。

すが、味と品質は基本的に誕生当時から変わっておりません。このふたつが変わると、今まで「たべっ子どうぶつ」を愛してくれた方が離れていってしまう。半世紀以上前の商品と同じ味を再現し続けるのは、なかなか難しい技術で、逆に改良するほうが簡単ではあるのですが、そうすると昔食べていた方にとって「懐かしい、思い出の味」ではなくなってしまうんですよね。みなさんの「懐かしい」を失いたくないんです。

🐰 具体的に、長年愛される味というのは、どのような味だと分析していますか？

安心感を与える味ですかね。それから、子どもだけでなく、大人が食べてもおいしくて、飽きない味というのもポイントかなと思っています。ただおいしい味なのではなく、今日おいしく食べたものを、明日もおいしく食べられるかということが大事だなと。簡単にいうと "お母さんの味" を目指しているんです。お母さんが作ってくれた安心感のある味。それが、親子で食べていただける、幅広い年代の方から愛される秘訣かなと思っています。

たべっ子雑学 3

「たべっ子どうぶつ」には 鳥類が多い？

鳥って、そもそも種類が多いんです。それにほかの動物と比べて、種類が変わると体のシルエットも大きく変わります。なので、ビスケットとしてかたどったときに区別をつけやすいんですよね。

なるほど。おいしい、かつ思い出に残る味というのが大切なのですね。

　はい。「たべっ子どうぶつ」はもちろん、「アスパラガス」においてもそうですが、弊社の商品は変えないようにしています。

その一方で「たべっ子どうぶつ」は、いちご味や抹茶味など、多種多様な味を展開しているのも印象的です。歴史のある商品とは別軸で、いろんな味に挑戦している理由はなぜでしょうか？

これまで発売されてきたグッズは1000種類以上というウワサも！？

「たべっ子どうぶつ」をより広く知ってもらい、幸せな気分になってもらいたいからです。それから、素焼きのビスケットにチョコレートをしみ込ませる「含浸技術」は、日本では弊社が先駆けて取り入れた製法です。夏場30～40度の気温の中でも、なかなか溶けにくい、手につきにくいチョコレートビスケットとして開発しました。期間限定の商品を含めると、これまでにもう30種類ぐらいは展開してきたのではないかと思っています。

🐻 **お話を聞いていて、商品のブレなさ、順風満帆に愛されてきた歴史を感じました。ちなみに長い歴史の中で、あまりうまくいかなかったことはあるのでしょうか?**

正直、大きく外してしまったり、間違った方向に行ってしまったりしたことは、覚えている限りではありません。どんどん新しいことに取り組んできたのは事実ですが、味と品質、またはデザインがよくないなど、納得いくところまで到達していない商品は、発売しないという選択を取ったこともあります。

どうぶつさんたちは「中立的」
性格はあえて決めない

🐻 **「たべっ子どうぶつ」を語る上で外せない、どうぶつさんたちについても教えてください。そもそも、なぜ、動物をモチーフにしたのでしょう?**

もともと創業者が動物好きだったからです。昔は家で犬や猫、鳥など、いろんな動物を飼っていました。あとは、当時40種類以上の動物がお菓子に採用されることっ

てなかなかなかったんです。ただ、ビスケットとしてかたどったときに形で区別しやすいということもあって、動物になりました。「たべっ子どうぶつ」は陸の動物、「たべっ子水族館」は海の生きものを中心にしています。

🐭 **「たべっ子どうぶつ」のパッケージに採用されている9匹は、どのようにして選ばれたのでしょうか?**

動物園で人気が高く、身近な動物が選ばれました。性格や個性は、今のところつけていないです。初めから色をつけすぎると、ファン層がコアになってしまうので。あくまでも中立的でいたほうが、より広い層の方にファンになっていただけるんじゃないかなと思いました。

🐱 **性格はないとのことでしたが、どのキャラクターも楽しそうな表情をしていますね。どんな思いが込められているのでしょうか?**

買っていただいた方に、明るく元気になってほしいと思っています。弊社では「お菓子に夢を!」という理念を掲げているの

たべっ子雑学 4

創業者は
クマも飼っていた!?

創業者の宮本芳郎氏は犬や猫や鳥など、いろんな動物を飼っていましたが実はクマも飼っていました。そのクマこそ、ギンビスのロゴにあるクマのモデルなんです。

たべっ子雑学 5

香港で人気の味は「海苔味」！

「たべっ子どうぶつ」は特に東南アジアで人気で、アメリカの西海岸のほうでも広がっています。中国本土に関しては、展開するようになってからもう26年目に入るので、抜群の人気がありますね。特に香港は、日本の子どもたちと同じように「たべっ子どうぶつ」を食べて育った子ばかりなんですよ。特に人気なのは海苔（のり）味です。

ですが、これは「お菓子を通して世界平和に貢献していきましょう」という思いを込めています。なので、「たべっ子どうぶつ」に限らず、お菓子を通して、元気や幸せ、癒やしを提供したいんです。そして、そんなどうぶつさんたちが、バラバラではなく、みんな一緒にいること、集合体でいることを大切にしています。

2023年から始まったイベント『たべっ子どうぶつLAND』は、累計来場者数16万人を動員し、カプセルトイなどのアミューズメントグッズを展開すると、発売早々売り切れになることも珍しくありません。ここまで盛り上がっている理由はなぜだと感じていますか？

今でこそ、ブームだなんて言われていますけど、僕としては、今の盛り上がりは昔からの積み重ねの延長線上にあると思います。というのも「たべっ子どうぶつ」が誕生した当時のファンの方が、30〜50代になって、そのさらに子どもへと受け継がれていっている感覚なんです。

大人のファンの方もかなり多いですもんね。

そうですね。子ども世代にもウケて、Z世代にもウケて、大人の方も興味を持ってくれて。お菓子がおいしいというのは大前提ではあるんですけど、プラスアルファの価値を作れているおかげで、今も愛されている商品であることに間違いはありません。やはり少子高齢化の流れもあって、子どもだけではなく大人も楽しく食べられるものであるに越したことはありませんから。

ギンビス本社のショールームには歴代のパッケージがズラリ！

🐝 宮本社長としては、今の盛り上がりは想定内なのでしょうか？

　想像以上の盛り上がりではありますが、意外ではないですね。10年ほど前からグッズを作っていたのですが、そのたびに反響がよくて。きちんとやれば、必ず盛り上

がっていただけるなと感じていたので。ただ、ファンの方がファンを呼んでいる印象が強いのは意外でした。特にここ3〜4年の間は、SNS上でお客様が「たべっ子どうぶつ」のことを投稿してくれて、ファンの輪が広がっているなと。実際、『たべっ子どうぶつLAND』やさまざまなグッズを展開しているのは、ファン作りが狙いではあったのですが、実際に多くの方がファンになってくれているので、ありがたいなと感じています。

国や言語が変わっても「会話が生まれる」お菓子に

🐰 「たべっ子どうぶつ」は、中国エリアでは「愉快動物餅」、アメリカや東南アジア地域では「Dream Animals」として展

たべっ子雑学 6

海外パッケージにも「英語教室」!?

日本の場合は「英語と日本語」が書かれていますが、中国では「中国語」と「英語」、タイだったら「タイ語」と「英語」、アメリカの場合は「英語」と「スペイン語」で展開しています。

開されています。海外展開にも力を入れているのはなぜなのでしょう?

創業者も、先代の社長も、「日本の商品が海外でどれだけ通用するか」というのをよく考えていたんです。もともとビスケットというのは、日本が発祥ではなく欧米諸国から流入したお菓子。海外で勝負したときに、日本のお菓子がどこまで通用するのかを知りたかったんでしょうね。

🐵 バター味は、基本的には日本と同じ味なのでしょうか?

ちょっと違いますよね。どうしても、日本と同じ原材料が手に入らないというのがあって、小麦の品質、水が硬水か軟水かで品質は変わっています。たとえ同じレシピで作っても、同じように作れるわけじゃないんです。ただ、各国では日本と同じく「懐かしい」と思っていただけるように、基本的に味を変えていないんですよ。

🫘 ビスケットの真ん中に、動物の名前が印字されているのも同じなんですね。

たべっ子雑学 7

「たべっ子どうぶつ」は
すべて卵不使用!

実は、これも昔お客様から届いた声がきっかけになっています。卵アレルギーのお子さんを持つ親御さんからの声を多くいただき、現状、弊社から展開している商品はすべて卵不使用としています。卵なしでおいしいビスケットを作るのって、至難の業なんですよ。

そうですね。この印字があるとないとじゃ、天と地ほどの差があると思っているので、ここは外せません。それに、これをきっかけに親子で会話が生まれるのは各国共通だと思うんですよね。動物園って、世界中にありますし。だから、言葉が通じなくても、「たべっ子どうぶつ」を通して、友達を作るきっかけになれること、親子でちょっとした会話ができるようになることを願っています。

🐻 社内において「たべっ子どうぶつ」はどんな存在ですか?

グッズやイベントも展開しながら、ひとつのブランドとして盛り上げていってくれていますね。「アスパラガス」や「しみチョココーン」、最近だと「GINZA RUSK」などを展開しているんですけど、「たべっ子どうぶつ」と同時に相乗効果で盛り上がっている印象です。「たべっ子どうぶつ」がきっかけで、ほかのブランドのお菓子を知っていただけることがあるんだと思います。

🐨 2024年3月にゲームアプリ『たべっ子どうぶつ Time』がリリースされるなど、幅広く展開されていますが、今後特に注力したい部分はどこでしょうか?

エンターテインメントに力を入れていきたいと考えています。ただ、海外においても、国内においても、広げていくというよりは、今展開しているところを深堀りしていくことが重要かなと思っています。強いものをさらに強くしていく方向性が、今の時代に合っているんじゃないかなと。

会社としては、2030年に創業100年を迎えますね。そんな中で「たべっ子どうぶつ」をどのようにしていきたいと考えていますか？

　唯一無二のブランド作りに力を入れたいなと考えています。よく社内で言っているのは、スーパーロングセラーブランド、100年ブランドを作っていこう、ということ。「たべっ子どうぶつ」も、最終的にはいいかたちで日本の文化のひとつになればうれしいなと思っています。そうなれるように、礎を一年一年、地に足をつけてしっかり積み上げていきたいです。そして、これまで積み上げてきたのと同じように、薄い紙を重ねていくように、信頼の構築ができたらいいなと思っています。

たべっ子雑学 8

フラットなどうぶつさんが 時代にフィット

発売当時から今に至るまで、全国の保育園や幼稚園でおやつの時間に出していただけることも多かったんです。そのときに、「このキャラクターは男の子っぽいから」「女の子っぽいから」と思われないように、フラットなキャラクターづくりを心がけました。お父さん、お母さん、息子さん、娘さん、誰もが好むお菓子になってくれたらなと、中立的であることにこだわり、結果としてより多様性が謳われるようになった今の時代にもフィットしていると思います。

アパレルグッズも大人気！

1930

創業

東京都墨田区錦糸町に宮本製菓（ギンビスの前身）が設立される。

1945

3月、戦災で営業所と工場を焼失。5月に復旧。9月、銀座1丁目に営業所を開設。社名を「銀座ベーカリー」に改名、レストラン銀座店を開く。

1968

アスパラガスビスケット発売。茨城県の古河工場が本格稼動。

アスパラ君 **アスパラガスビスケット**

当時、高級野菜だったアスパラガスにちなんで命名されたビスケット。丸形や楕円形のビスケットが主流だった発売当時では珍しい形状。ほんのり塩味にハードな食感が特徴です。

1974

社名を「株式会社ギンビス」に改める。

ギンビスってどういう意味？ギンビスという社名は、「銀座＋ビスケット」を略したもの。「銀座で一番おいしいビスケットを作ろう！」という決意で、お菓子づくりを続けてきました。

今でも銀座の名がつく商品を販売しています

GINZA RUSK **GINZA WAFFLE**

ギンビス History

1948

法人組織とし、「株式会社銀座ベーカリー」の名称とする。

1933

同区太平町に営業所が設立され、工場も併設される。この工場で和洋菓子を製造・卸を開始する。

1965

第16回全国菓子大博覧会でバターしるこが名誉総裁賞を受賞。

1952

第12回全国菓子大博覧会でギンビスコが名誉大賞を受賞する。

1975

この頃からモンドセレクションに出品し始める。

1969

本社を現在の東京都中央区日本橋に移転。動物四十七士発売。

動物四十七士

これが**たべっ子どうつ**の前身となりました。

1978

たべっ子どうぶつ 発売

初期パッケージ。最初のフレーバーは当時ビスケットの定番だったバター味が採用されました。

2007

たべっ子水族館 （しみチョコビスケット）発売

生地の中までチョコをしみ込ませる技術をビスケットに応用。

2010

創業80周年を迎える。上海万博に日本の流通菓子メーカーでは唯一出展。

2020

ギンビス創業90周年。

しみチョコココーン
サクサク食感の、かわいい星型のコーンスナックに、中までチョコレートをしみ込ませました。

2030

ギンビス創業100周年

2003

しみチョコココーン発売

2024

初の公式アプリ「**たべっ子どうぶつ Time**」リリース。

2001

たべっ子水族館ビスケット発売

カニやマグロ、イルカなど海の生きもの47種類をビスケットにした5袋入りの新シリーズ。味は「やきえび味」「シーフードカレー味」「ポテトサラダ味」「コーンポタージュ味」の4種類ありました。

2023

アスパラガスビスケット発売55周年、たべっ子どうぶつ発売45周年、しみチョコココーン発売20周年。公式オンラインショップ『ギンビス・マーケット』オープン

ギンビスのシンボル コロちゃん

ギンビスのマークには、実は"コロちゃん"という名前があります！このこぐまは、創業者の宮本芳郎氏が飼っていた熊の名前にちなみ名づけたもの。創業当初は文字のみだったロゴマークにも、コロちゃんがプリントされている。

'01年のキャンペーン時、たべっ子には**コロちゃんのビスケット**が稀に入っていた。

モンドセレクションの 受賞回数は

70 回以上

モンドセレクションとは、'61年にベルギーのブリュッセルで設立した優秀品質の国際評価機関。毎年世界87ヵ国以上、3199に及ぶ消費者生活製品を80人以上の専門家で構成する審査委員が評価。
品質管理・向上に継続して励む企業に対し賞（最高金・金・銀・銅）を授与。

どうぶつさんたちの楽しい祭典！
たべっ子どうぶつLAND

毎年恒例のビッグイベント「たべっ子どうぶつLAND」。
ファンにとってうれしすぎる特典が盛りだくさんの空間をご紹介！

たべっ子どうぶつLANDって
どんなイベント？

● 大好きな
　どうぶつさんに会える！

● ここでしか買えない
　グッズがたくさん！

● おいしくてかわいい
　オリジナルフード&ドリンクも！

昨年大好評だった「たべっ子どうぶつLAND」フォトスポット

フォトスポットが目白押し！

　『たべっ子どうぶつLAND』は、カフェやフォトスポット、グリーティングまで「たべっ子どうぶつ」を楽しみ尽くせるスペシャルなイベント。2023年3月～5月に東京ドームシティ Gallery AaMo にて初めて開催し、2023年7月～9月には横浜・ASOBUILD（アソビル）でも開催されました。SNS でも大きな話題を呼び、会場を訪れたお客様はなんと16万人以上！2024年には3回目も開催されるなど、**毎年恒例の「たべっ子どうぶつ」ファンのた**めのお祭りです。

　2024年夏の『たべっ子どうぶつLAND』では、会場に**「たべっ子どうぶつツリー」**が新登場。葉っぱが「たべっ子どうぶつ」のビスケット型にくり抜かれているのが特徴です。そのほか、新たなフォトスポットとして、レアなお昼寝姿の立体的ならいおんくんと一緒に写真撮影を楽しめる**「らいおんくんのお昼寝モニュメント」**や、さまざまなどうぶつさんたちがネオン調で描かれたオリジナルのイラストも登場します。

忘れられないイベントに

　毎年大人気のフード＆ドリンクには、「たべっ子どうぶつ」のどうぶつさんをモチーフにした新メニューが今回も多数登場します。『たべっ子どうぶつLAND』でしか味わえない**オリジナルフード＆ドリンク**は、SNSにアップしたくなることまちがいなし！

　さらに、実際にどうぶつさんたちが会場内の虹のランウェイを歩く**「どうぶつさんスペシャルステージ」**を毎日開催。ステージからお客さんに挨拶するかわいい姿が楽しめます。

　加えて、このイベントでしか買えないグッズ付きのチケットやワークショップな

葉っぱが「たべっ子どうぶつ」のビスケット型にくり抜かれている「たべっ子どうぶつツリー」が新登場！

ど、うれしすぎる特典も。「たべっ子どうぶつ」ファンにとっては忘れられないイベントになるはずです！

「どうぶつさんHugme！バッグ」が付いたお得なチケットも！

今年も限定グッズが盛りだくさん！

「お菓子に夢を」を形にする

　「たべっ子どうぶつLAND」は、株式会社ギンビスの企業理念である**「お菓子に夢を」「お菓子を通して世界平和に貢献する」**を形にして提供したい、という思いから始まったイベント。これまで親子世代にお菓子として人気があった「たべっ子どうぶつ」ですが、日替わりで**どうぶつさんに会えるグリーティング**やデジタルコンテンツ、**オリジナルグッズやフードメニュー**を通して、若年層を中心に新しいファンも増

えてきました。地方での開催を望む声もたくさん届いているそうです。「今回ご来場くださるみなさまが『たべっ子どうぶつLAND』をお楽しみいただき、大切な思い出のひとつになることを願っております！」（イベント担当者）。

たべっ子どうぶつLANDのチケット情報はコチラ！

どうぶつさんたちとパズルに挑戦！
たべっ子どうぶつTime

今年3月にリリースされた初の公式パズルゲームアプリ
『たべっ子どうぶつTime』。いったいどんなアプリなの？
まだプレイしたことのないあなたに、ファン必見の情報をお届けします！

『たべっ子どうぶつTime』って
どんなアプリ？

● パズルゲームで目指せ高得点！

● 家具を集めて自分だけのハウスを作れる！

● 描き下ろしオリジナルデザインのどうぶつも！

お気に入りのどうぶつさんをマイキャラに設定できるよ！

事前登録者数40万人を達成！

　2024年3月に配信が始まった『たべっ子どうぶつTime』は、「たべっ子どうぶつ」初の公式パズルゲームアプリです。配信前から事前登録キャンペーンを実施し、事前登録者数40万人を達成するなど、SNSでも話題に。また、『たべっ子どうぶつTime』のリリースを記念し、コラボフレーバーとして「たべっ子どうぶつ　夢見るミルク味」も4月15日から発売されるなど、ファンの間で大きな盛り上がりを見せました。
『たべっ子どうぶつTime』の機能は、大きく分けて3つ。1つ目「パズル」は、どうぶつさんたちのパズル玉をたくさんつなげてたくさん消すゲーム機能。それぞれ異なるスキルを持ったどうぶつさんもパズルを手伝ってくれます。たくさんつなげるとボムが出てくるので、それが高得点のチャンスに。

40種類以上のどうぶつが登場！

　2つ目は「ハウス」。パズルをプレイすることでたくさんのかわいい家具をゲット。いろんな家具を集めて、自分だけのハウスを作ることができます。**家具の種類は100種類以上**（期間限定家具含む）。中には、どうぶつさんたちをモチーフにした家具も。たくさん家具を揃えると、どうぶつさんたちが遊びに来てくれるかも？

　3つ目は「**育成**」。パズル玉をたくさん消したり、アイテムを使ったりすることで、どうぶつさんたちのレベルがアップ。パズルゲームのスコアアップにもつながります。いろいろなどうぶつさんたちを集めて、育成し、レベルアップを目指します。『たべっ子どうぶつ Time』には、40種類

以上のどうぶつさんが登場します。『**たべっ子どうぶつ Time』描き下ろしオリジナルデザインのどうぶつさんたち**もたくさんいるので、どんなどうぶつさんがいるのか、探しながら遊ぶのも楽しいはず。アプリをプレイしてチェックしてみてください！

プレイするともらえる家具コインで自分だけのハウスをつくろう！

7個以上パズル玉をつなげると発生するボムは、高得点のチャンス！

「フィーバー」状態になるとコンボが途切れなくなる！

スキルを残したままタイムアップしても、エクストラボーナスが発動するよ

アイテムをフル活用してハイスコアを狙おう

『たべっ子どうぶつTime』
アプリDLはこちらから！

SPECIAL PHOTO STORY 02

LET'S CAMP!

自然豊かな森でキャンプ！　みんなで何して遊ぶ？

ここからは親子で楽しめるコーナー。
クイズ、ぬりえ、アルファベット……どうぶつさんたちと遊んで学ぼう!

クイズ

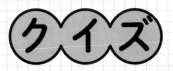

たべっ子どうぶつの豆知識をクイズで出題! 何問わかるかな?
こたえはP110に載っているよ!

Q1

「たべっ子どうぶつ」は
何年に誕生した?

Q2

「たべっ子どうぶつ バター味」の
どうぶつビスケットは、全部で何種類?

Q3

「たべっ子どうぶつ」の
「ぞう」のビスケットには、
どんな英単語が
書かれている?

Q4

「たべっ子どうぶつ」の
前身となる「動物四十七士」
にはいたけど、
「たべっ子どうぶつ バター味」には
いないどうぶつさんは?

Q5

中国版「たべっ子どうぶつ」の
パッケージに描かれていて、
日本版「たべっ子どうぶつ
バター味」パッケージの表面に
はいないどうぶつさんは?

Q6 次のうち、たべっ子どうぶつの
どうぶつさんにいないのは?
1.にわとり　**2.**きつつき　**3.**おうむ

Q7 次のうち、たべっ子
どうぶつのビスケットに
使われていない材料は?
1.小麦粉　**2.**砂糖
3.卵

Q8 「たべっ子どうぶつ
ベジタブル」で
ブロッコリーを
持っているどうぶつさんは?

Q9 「白いたべっ子どうぶつ」パッケージの
表面に、「たべっ子どうぶつ」
パッケージの9匹のどうぶつさんと
一緒に描かれているどうぶつさんは?

Q10 この➡どうぶつさんはだれかな?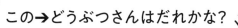

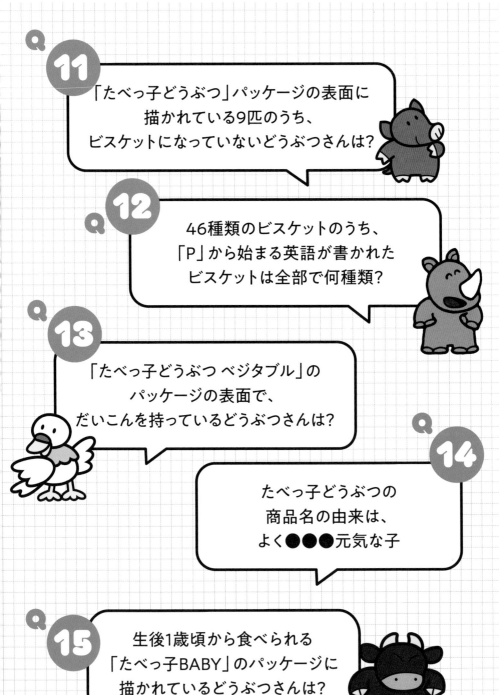

Q11
「たべっ子どうぶつ」パッケージの表面に
描かれている9匹のうち、
ビスケットになっていないどうぶつさんは?

Q12
46種類のビスケットのうち、
「P」から始まる英語が書かれた
ビスケットは全部で何種類?

Q13
「たべっ子どうぶつ ベジタブル」の
パッケージの表面で、
だいこんを持っているどうぶつさんは?

Q14
たべっ子どうぶつの
商品名の由来は、
よく●●●元気な子

Q15
生後1歳頃から食べられる
「たべっ子BABY」のパッケージに
描かれているどうぶつさんは?

歴代の「たべっ子どうぶつ」シリーズで、次のうち、
過去に販売されたことのない味はどれ?
1.チーズ味　　**2.**キャラメル味　　**3.**てりやき味

Q16

アメリカや
東南アジア地域で
販売されている
「たべっ子どうぶつ」の
商品名は?

Q17

「たべっ子水族館」の
ビスケットの形は
全部で何種類?

Q18

BAT　　なんという動物?

Q19

「ギンビス」社名の由来は
「●●」+「ビスケット」。
「●●」に入る単語は?

Q20

おえかき

どうぶつさんたちの上手な描き方をご紹介!

1
まんまるお月様に

2
小さい山2つ

3
真ん中におにぎり

4
ごましおにっこり

5
ヒゲ4本

6
ふわふわ囲んで らいおんくん!

1
大きいお豆がありました

2
橋が1本

3
小石が2つ

4
穴がぽっかり

5
小さいお豆も2つ

6
ツノを生やせば きりんさん!

たべっ子どうぶつが簡単に描けるよ！
一緒に描いてみよう！

1

まんまるお皿に

2

ながーいにんじん

3

小さいお山と

4

黒豆ちょん

5

大きいお豆も忘れずに

6

ほっぺを染めたら うさぎさん！

1

まーるいお皿に

2

お山から1本ぴょん

3

ゴマを2つと

4

小さな黒豆

5

あーんと食べたいな

6

横に大きな耳つけて さるさん！

1 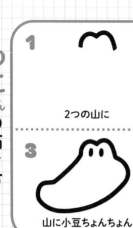 2つの山に	**2**  大きい谷	**5**  にっこり笑って わにさん！
3 山に小豆ちょんちょん	**4** ゴマちょんちょん	

1  大きな池に	**2**  お山が2つ	**5**  耳を2つで かばさん！
3  種をまいたら	**4**  にっこり笑顔	

1  まんまるお皿に	**2**  オムレツ2つ	**3**  鼻も描くよ
4 大きなたまごと	**5** トッピング	**6**  さんかくのお耳で ねこさん！

1 大きな勾玉に

2 ゴマを2つと

3 ハシゴをかけて

4 にっこり笑って

5 貝がら2つ

6 大きなお耳をつけて ぞうさん！

ぞうさんの描き方

1 たまごの殻から

2 ふわふわ出てきたよ

3 ゴマ2つと

4 大きなお皿…？

5 いえいえ、くちばしです ひよこさん！

ひよこさんの描き方

完成！

105

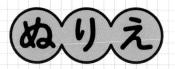

ぬりえ

たべっ子どうぶつのイラストを、好きな色で自由に塗ろう！

えいご

どうぶつさんたちと一緒に、AからZまでの
アルファベットを覚えよう！

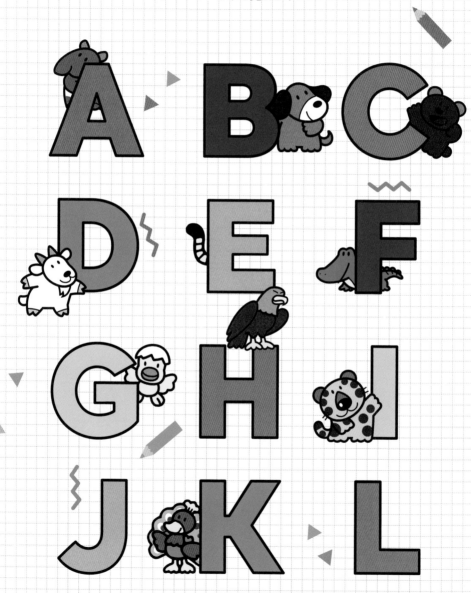

M N O

P Q R

S T U

V W X

Y Z

答え合わせ

（98ページ～101ページ）
クイズの答え

Q1	1978年	Q11	ひよこ、わに、きりん
Q2	46種類	Q12	7種類
Q3	ELEPHANT	Q13	かば
Q4	こあら	Q14	食べる
Q5	ぱんだ	Q15	らいおん、うさぎ、ぱんだ
Q6	きつつき	Q16	てりやき味
Q7	卵	Q17	「Dream Animals」
Q8	うさぎ	Q18	47種類
Q9	しろくま	Q19	BAT（こうもり）
Q10	やまあらし	Q20	銀座

SPECIAL PHOTO STORY 03

GO! GO! SEA!!!

目の前には広い海！　いっしょに思い出つくろうね。

edit by Quick Japan

editor
Daiki Yamamoto (Quick Japan)

contributing editor
Chisato Takahashi (Quick Japan)
Mai Sato

art direction
Kanako Taki (soda design)

design
Momoka Nanto (soda design)
Runa Sakata (soda design)

illustrator
Kaori Igarashi (VILLAGE VANGUARD)

photographers
Kazuya Murayama (P004-022)
Mariko Kobayashi (P082-095 ╱ P111-124)
Sachiko Horasawa (P066-075)

writer
Arisa Oki   (P066-075)

Quick Japan Presents

だいすき! たべっ子どうぶつ
公式ブック

2024年7月29日　第1版第1刷発行

監修　　株式会社ギンビス

協力　　株式会社TWIN PLANET
　　　　株式会社ヴィレッジヴァンガードコーポレーション

発行人　森山裕之
発行所　株式会社太田出版
　　　　〒160-8571
　　　　東京都新宿区愛住町22　第3山田ビル4F
　　　　電話　03-3359-6262
　　　　ホームページ　http://www.ohtabooks.com
振替口座　00120-6-162166（株）太田出版
印刷・製本　株式会社シナノ

ISBN978-4-7783-1950-2
C0095

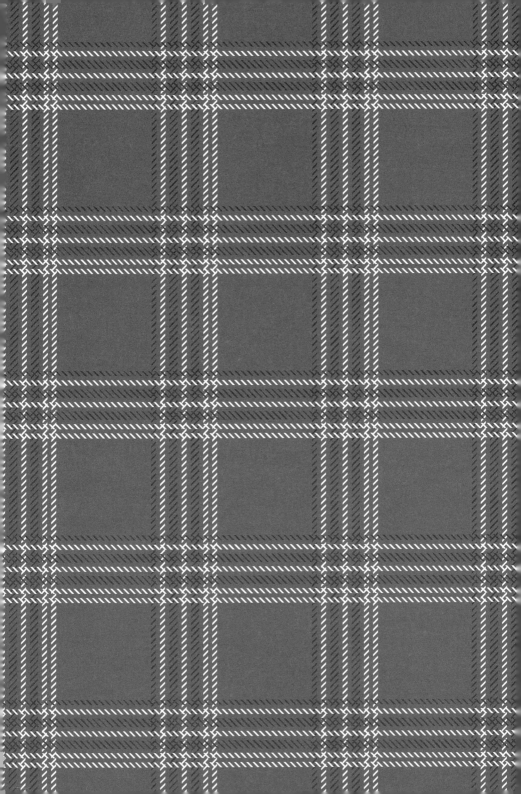

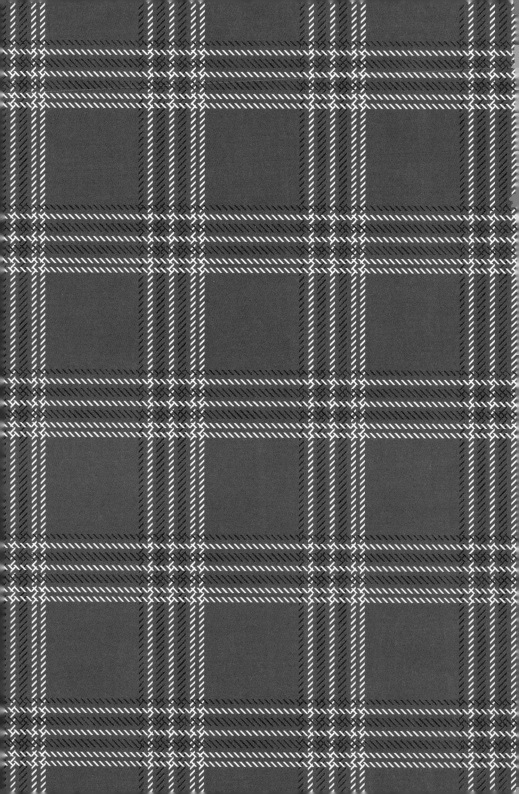